Wilhelm Schulze

Morphologie und Anatomie der Convallaria majalis L.

Mit 2 Tafeln

Wilhelm Schulze

Morphologie und Anatomie der Convallaria majalis L.
Mit 2 Tafeln

ISBN/EAN: 9783743450035

Hergestellt in Europa, USA, Kanada, Australien, Japan

Cover: Foto ©berggeist007 / pixelio.de

Manufactured and distributed by brebook publishing software
(www.brebook.com)

Wilhelm Schulze

Morphologie und Anatomie der Convallaria majalis L.

Morphologie und Anatomie

der

Convallaria majalis L.

Mit 2 Tafeln.

Inaugural-Dissertation

zur

Erlangung der philosophischen Doktorwürde

der

Hohen naturwissenschaftlich-mathematischen Fakultät

der

Universität Basel

eingereicht von

Wilhelm Schulze

aus **Elberfeld**.

BONN 1899,
Druck von Jean Trapp,
Stiftsgasse 19.

Dem Andenken seines Vaters

in Dankbarkeit gewidmet

vom

Verfasser.

Vorliegende Arbeit wurde im botanischen Institut der Universität Heidelberg ausgeführt.

Es sei mir auch an dieser Stelle gestattet, meinem hochverehrten Lehrer, Herrn Geh. Hofrat Professor Dr. E. Pfitzer, auf dessen Anregung und unter dessen Leitung diese Arbeit entstand, für seinen mir so reichlich erteilten Rat und wertvollen Beistand meinen aufrichtigsten Dank auszusprechen.

Erster Teil:

Morphologie.

Die Morphologie der Convallaria majalis L. ist schon seit einem halben Jahrhundert Gegenstand verschiedener Untersuchungen gewesen. Der Erste, der darüber genaueres veröffentlichte, und zwar in seinem an Beobachtungen so reichem Buche über „K n o l l e n und Z w i e b e l g e w ä c h s e" war Thilo Irmisch.*) Er schreibt:

Im Frühjahr finden sich noch die vertrockneten Blätter des vorigen Jahres; sie hüllen die Basis der diesjährigen Pflanze ein. Auf sie zunächst folgen mehrere (vier bis sechs) rings geschlossene Scheidenblätter, von denen die inneren immer höher werden und aus den äusseren hervorragen. Auf diese folgt ein schmales, häutiges Schuppenblatt, vor welchem der Blütenstengel, der in seinem unteren Verlauf keine Blattgebilde trägt, indem das erste Blatt in seiner Achsel die unterste Blüte trägt, steht. In der Achsel, welche jenes Schuppenblatt der Grundaxe mit dem Blütenstengel bildet, findet sich keine Knospe, auf der entgegengesetzten Seite des Blütenstengels stehen die zwei oder drei neuen Laubblätter, von denen das erste oder äussere mit seiner Rückseite nicht vor, sondern seitwärts von dem Blütenstengel steht. Zuweilen stehen diese Laubblätter nicht unmittelbar neben dem

---

*) Thilo Irmisch. Zur Morphologie der monocotylischen Knollen und Zwiebelgewächse. Berlin 1850 pag. 176. s. q.

Blütenstengel, sondern sie sind erst in ein weit hinauf reichendes Scheidenblatt eingeschlossen, welches dann mit seiner Rückenfläche gegen den Blütenstengel gekehrt ist.

Die Laubblätter sind mit geschlossenen, hohen Scheiden versehen. Im Grunde der Scheide des innersten findet sich ein im Frühling noch kleines Knöspchen. Wenn man dasselbe im Herbste wieder untersucht, so zeigt es ganz dieselbe Zusammensetzung, wie nach der eben gelieferten Beschreibung, die Pflanze im Frühjahr, nur dass alles noch unentwickelt ist; besonders deutlich erkennt man noch, dass das Schuppenblatt, unmittelbar vor dem Blütenstengel mit seinen Rändern nicht bloss diesen letzteren, sondern auch die auf der anderen Seite desselben stehenden noch ganz kurzen Laubblätter umschliesst.

Ausser dieser Hauptknospe findet man in der Regel in der Scheide des inneren Laubblattes neben jener Hauptknospe da, wo die Scheidewände des ersten Scheideblattes dieser letzteren mit einander verwachsen sind, noch eine andere weit kleinere Knospe; selbst im Frühjahr ist sie noch ganz klein, wenn die Hauptknospe bald Blüten bringt; sie wird zunächst von mehreren Scheidenblättern gebildet und gelangt gewöhnlich nicht zur Entwicklung.

Ausser diesen Knospen mit unentwickelten Stengelgliedern bilden sich auch noch aus den Knoten der unterirdischen, kriechenden Axe Seitenachsen, deren erste Stengelglieder, welche Scheidenblätter tragen, sehr entwickelt sind. An der Spitze dieser Ausläufer wieder-

holt sich dann die oben geschilderte Bildung mit unentwickelten Stengelgliedern.

Die Anordnung der Teile an der Grundaxe stimmt
im wesentlichen mit der bei den Amaryllideen überein,
denn dort wie hier, ist der Blütenstengel lateral, die
Hauptknospe aber terminal. Freilich ist die Beschaffenheit der Blätter der Grundaxe bei Convallaria majalis
eine andere, als z. B. bei Amaryllis formosa. Hier
finden sich nur Laubblätter, bei Convallaria majalis
stehen zunächst unterhalb dem Blütenstengel mehrere
Scheidenblätter und unterhalb (ausserhalb) dieser die
zwei oder drei Laubblätter, die sich aber ein Jahr vor
der Entwicklung des Blütenstengels, den jene Scheidenblätter umgeben, entwickeln und zur Blütezeit wieder
vertrocknet sind. Die frischen Blätter, die kurz nach
der Blütezeit bei Amaryllis formosa neben dem Blütenstengel hervorkommen, lassen sich mit den frischen
Laubblättern bei Convallaria vergleichen, insofern sie
dort und hier an der Grundaxe oberhalb des Blütenstengels stehen, also eigentlich zu dem nächstfolgendem
Blütenstengel gehören.

In dem Falle, wo bei Convallaria oberhalb des
Blütenstengels erst ein Scheidenblatt kommt, hat dieses
dieselbe Stellung zu den Blütenstengeln, wie das ent-
sprechende mit einer langen Scheide versehene Laubblatt
bei Amaryllis formosa. Mit Leucojum stimmt Convall-
laria majalis insofern überein, als an der Grundaxe,
beider sich Scheiden und Laubblätter finden; in der
Anordnung derselben sind aber beide Pflanzen verschieden."

Sehr auffallend ist uns die Angabe, dass die Anordnung der Teile an der Grundaxe im wesentlichen
mit den bei den Amaryllideen beobachteten überein-
stimmen. Er stellt sie somit in Gegensatz zu den anderen,
von Linné noch in die Gattung Convallaria gezogenen
Pflanzen, nämlich mit Polygonatum officinale All.
und Polygonatum multiflorum All, sowie noch mit
Majanthemum bifolium D. C.

Alle diese genannten Pflanzen besitzen ein aus-
gesprochenes, zweifelloses sympodiales Wachstum. Es
lässt dieser merkwürdige Gegensatz leicht die Vermutung aufkommen, dass Irmisch sich irgend wie ge-
täuscht habe. Auf alle Fälle erscheint es bedeutend
wahrscheinlicher, dass alle diese Pflanzen sämmtlich
sympodial wachsen.

Der nächst auf Irmisch folgende Autor war
Alexander Braun.

In seiner im Jahre 1853 in den Abhandlungen
der königlichen Academie der Wissenschaften zu Berlin
erschienenen Arbeit, betitelt „Das Individuum der
Pflanze im Verhältnis zu seiner Species macht er
die Sprossfolge, namentlich mehrjähriger Pflanzen, zum
Gegenstand eingehender morphologischer Studien und
erläutert sie durch sorgfältige Abbildungen. So bespricht
er auf pag. 99 s. q. und sein auf Tafel IV Nr. 2 ge-
gebenes Habitusbild mit Rhizom und Blütenstand die
Convallaria in folgender Weise:*)

---

*) Das Individuum der Pflanze in seinem Verhältnis zur Species,
Generationsfolge, Generationswechsel und Generationsteilung der Pflanze,
Berlin 1853,

— 13 —

Eine dreiachsige Pflanze nach dem Schema: I Nn
Ln L..., II H (aus n), III J. Das Verhalten der
Keimpflanze ist unbekannt, die erwachsene Pflanze zeigt
als Hauptspross einen Wurzelstock, der als horizontaler
Schössling (Läufer) unter der Erde fortkriecht, bis er
zuletzt als aufsteigender Stauchling die Oberfläche erreicht. An dem kriechenden Teil befinden sich, durch
verlängerte Internodien getrennt, röhrig, scheidenartige,
den Stengel eng umschliessende Niederblätter, welche
verwesend ringförmige Narben zurücklassen, unter welchen die Wurzeln hervorbrechen. An der verdickten
aufsteigenden Spitze erscheinen, dicht an einander ge-
drängt, meist drei bis fünf grössere und weitere, gleich-
falls röhrig geschlossene, einander umscheidende von
aussen nach innen an Länge zunehmende Niederblätter,
denen ein letztes, nicht röhrig geschlossenes, sondern
nur halb umfassendes Niederblatt folgt. Zwei (selten
eins oder drei) Laubblätter schliessen scheinbar die
Hauptachse ab; allein, obgleich die Scheide des obersten
(innersten) Laubblattes völlig stielartig geschlossen ist,
zeigt sie doch in der Basis eine Höhlung, in welcher
man eine Gipfelknospe findet, die im folgenden Jahre
auf dieselbe Weise vier bis sechs sich umscheidende
Niederblätter und ein bis drei Laubblätter zur Ent-
faltung bringt. Der Stauchling des Maiglöckchens ist
somit der prennirenden Zwiebel von Galanthus und
Leucojum zu vergleichen, jedoch findet sich der Schaft
nicht wie beim Schneeglöckchen in der Achsel eines
Laubblattes, sondern in der des obersten Niederblattes
und trägt keine Gipfelblüte, sondern kleine Hochblätter

(Bracteen) aus deren Achsel so der zur Traube geordneten Blüten ohne Vorblätter entspringen.

Die Infloreszenz ist somit von dem zweiten und
dritten Achsensystem gebildet. Die Nieder- und Laub-
blätter sind genau nach $^1|_2$·, die Hochblätter genau nach
$^2|_5$ Stellung geordnet. Unwesentliche Sprosse treten am
kriechenden Teil des Wurzelstockes auf, namentlich
entspringt regelmässig in der Achsel des letzteren dem
aufsteigenden und gestauchten Teile desselben voraus-
gehenden Niederblattes ein Spross, welcher den kriechenden Teil des Stockes scheinbar fortsetzt. Nicht selten
nehmen die Seitensprosse eine absteigende Wachstums-
richtung an, erst wenn der Uebergang zum Stauchling
geschieht, wieder aufsteigend. Die Gärtner vermehren
das Maiglöckchen durch sogenannte Wurzelteilung, was
nichts anderes bedeutet, als Ablösung der unwesent-
lichen Zweige des unterirdischen Stockes.

Noch will ich bemerken, dass Convallaria majalis
einen Dimorphismus der Blüten zeigt, indem sich in
diözischer Verteilung wie bei den Primulaceen, eine
kurzgrifflige und eine langgrifflige Form findet."

Diese Angaben von Braun sind erheblich eingehender, als die Irmisch's, indem jener nur die
Grundzüge der morphologischen Verhältnisse dargestellt
und auf nähere Angaben namentlich über Stellungsverhältnisse beziehungsweise Divergenzen in vegetativer,
wie in floraler Region verzichtet hat. Ferner hat man
auch bis Alexander Braun die erste von morphologischen Gesichtspunkten aus gezeichnete Abbildung
dieser Pflanze. Wir werden später sehen, wie gerade

hier die Berücksichtigung der Stellungsverhältnisse der
Blätter an den consecutiven Achsen für die Auffassung
der ganzen Sprossfolge von grosser Bedeutung ist.
Vier Jahre nach A. Braun's Schrift erschien
Döll's „Flora von Baden.“ Auch diesem sind die Eigentümlichkeiten der Convallaria majalis in keiner Weise entgangen und wie
hier schon im voraus bemerkt sein soll, ist Döll thatsächlich der Erste, der die Achsenverhältnisse und
somit die ganze Sprossfolge überhaupt richtig beobachtet
und dementsprechend gedeutet hat. Er schreibt in seiner
Flora l. c. pag. 382 s. q. folgendes:*)
„Convallaria majalis L. Maiblume. Lilium conval-
lium der alten Autoren. In Waldungen der Gebirge
und Ebenen. Blütezeit Mai.

Wurzelstock kriechend, fadenförmig, verzweigt,
gegen die Enden hin mit zweizeilig stehenden scheiden-
förmigen anfangs an den Spitzen abwechselnd rechts
und links gerollten Niederblättern besetzt, welche in
Folge der Verlängerung der Glieder bald auseinander
rücken und bald verwesen. Unterhalb ihrer Exsertions-
stelle brechen die zahlreichen, dicken Wurzelfasern hervor. Der Stengel ist mittelständig und an seiner Basis
zunächst von den starken Fasern der vorjährigen Laubblätter, weiter innen von meistens fünf bis sechs alter-
nierenden, grundständigen Niederblättern umgeben, wo-
von die äusseren immer von den inneren etwas über-
ragt werden. Die unteren bilden geschlossene Scheiden;
das oberste ist offen und nur halb röhrenförmig. Von

---

*) Flora des Grossherzogtums Baden. I. Band 1857.

den erwähnten Niederblättern bis zur Mitte umschlossen,
erhebt sich der blütentragende Schaft. Die Deckblätter
der Blüten stehen spiralig und zwar meistens in einer
$^2|_5$-Spirale. Die nickenden Blüten sind einseits wendig
und haben einen etwas auswärts gebogenen, sechszäh-
nigen Saum. Einer der äusseren Zähne steht in der
Knospe, oder wenn man sich die Blüten aufgerichtet
denkt, vorn gegen das Deckblatt. In der Achsel des
letzten geschlossenen Niederblattes steht ein Laubzweig,
dessen zwei bis drei alternierende Blätter sich mit der
Scheide des Stengels kreuzen. Die Spreiten sind meist
abwechselnd rechts und links eingerollt. Das untere
dieser Laubblätter, beziehungsweise die zwei unteren,
haben lange Scheiden. Die Scheide des obersten Laubblattes ist zusammengewachsen, blattstielartig; nur ganz
am Grund umschliesst sie ein kegelförmiges, centrales
Knöspchen, dessen im nächsten Jahre zur Entwicklung
kommende Blätter an ihrer Spitze ebenfalls abwechselnd
rechts und links eingerollt sind und ganz deutlich die
Blattstellung und Rollung der heurigen Laubblätter
fortsetzen. Variiert mit kürzeren und etwas verlängerten
Griffeln.

Anders deuten den Wuchs dieser Pflanze: Irmisch
„Zur Morphologie der Knollen und Zwiebelgewächse
pag. 176 und folgende und auch A. Braun „Das Individuum der Pflanze im Verhältnis zu seiner Species
pag. 99 und 100 nebst Tafel IV, Figur 2.“

Wie wir hier sehen, steht Döll in scharfem
Gegensatz zu den Ansichten von Irmisch und A.
Braun. Er verzichtet jedoch auf eine polemische Er-

örterung der Verhältnisse wohl mit Rücksicht darauf,
dass eine Flora kaum dazu der geeignete Ort ist.

Man ersieht aus den bisher gegebenen Darstell-
ungen, dass die Angaben der drei genannten Autoren,
deren Zuverlässigkeit sonst kaum so leicht angezweifelt
wird, sich unmöglich miteinander vereinen lassen, indem gerade in den wesentlichsten Puncten die Mein-
ungen auseinander gehen.

Dass es sich hierbei nicht um blosse Flüchtigkeiten
handelt, erscheint von vorn herein wahrscheinlich und
der Grund eines jedenfalls auf der einen oder anderen
Seite vorkommenden Irrtums mag wohl in der Unzu-
länglichkeit der damals zu Gebote stehenden Unter-
suchungsmitteln zu suchen sein; so ist es ja bekannt,
dass Irmisch fast nur auf Loupenuntersuchungen an-
gewiesen war.

Es erschien daher wünschenswert, eine noch-
malige Untersuchung mit den Mitteln der neueren Tech-
nik in Angriff zu nehmen, bezüglich der morphologischen
wie anatomischen Verhältnisse, eine Aufgabe, deren
Lösung mir Herr Geh. Hofrat Professor Pfitzer in
Heidelberg stellte. Insbesondere gaben nach Einbettung
in Stearin und Paraffin die mittelst des Microtoms her-
gestellten Schnittserien eine grössere Genauigkeit, namentlich über die gegenseitige Stellung betreffender morphologischer Verhältnisse.

Wie schon Döll erwähnt, liegen keine Beobachtungen über die Keimung vor; eine Lücke, die leider
auch bis jetzt noch nicht ausgefüllt wurde. Wir können
jedoch auf Grund von Analogieschlüssen annehmen,

dass die Keimpflanze zuerst Niederblätter und dann
ein oder vielleicht auch zwei Laubblätter produziert
und dann nach mehreren Jahren zur Blüte gelangt.

Wenn es gestattet ist, aus dem Verhalten der
fertigen Pflanze einen Schluss auf das Verhalten der
Keimpflanze zu ziehen, eine Berechtigung, die sich ge-
wiss nicht von der Hand weisen lässt, indem thatsächlich zahlreiche Beobachtungen vorliegen, nach welchen
— bei anderen, mehrjährigen Pflanzen — die einzelnen
Auszweigungen des Rhizoms sich analog der bei der
Keimung zuerst gebildeten Achse verhalten, so kommen
wir zu dem Schluss, dass erste Achse mit der Infloreszenz endigt und ihre Fortsetzung aus irgend welchen
Achsenproducten geliefert wird, dass somit ein Sym-
podium zu Stande kommt und bei dem monopodialem
Charakter der Infloreszenz — einer Traube — die
Pflanze als zweiachsig bezeichnet werden muss.

Gräbt man eine abgeblüte Pflanze aus, so sehen
wir folgendes. Man findet das Ende eines mit schup-
pigen Niederblättern versehenen, anfangs mit gestreckten
Internodien wachsenden Rhizoms als verkürzten Trieb
ausgebildet. Dieser nach oben hin wachsende verkürzte
Trieb ist mit Schuppenblättern versehen, deren mächtiger ausgebildeter Scheidenteil hoch hinauf zu einer
Röhre verwachsen ist. Das nächste innere Schuppenblatt ragt, wie auch richtig von Irmisch angegeben,
einen bis anderthalb Centimeter weit über das nächst
untere hervor.

Dann folgen zwei, bei kräftig entwickelten Exemplaren auch drei Laubblätter, die im Innern eine kleine

Knospe umschliessen, welche im nächsten Jahre zur
Entwicklung kommt; während sie zur Zeit noch nicht
erkennen lässt, welcher Art die von ihr umschlossenen
Gebilde sind. Im folgenden Jahre treibt diese Knospe
aus und entwickelt sich als blütentragender Spross.
Die Achse des verkürzten Triebes, die, wie wir
gesehen haben, mit der des erwähnten ausläuferartigen
Rhizomstückes identisch ist, wird nun directe Achse
des Blütenstandes. Das letzte Blatt vor der Infloreszenz
ist ein schuppenförmiges Niederblatt, wie früher
erwähnt nach der irrtümlichen Ansicht von Irmisch,
das Tragblatt der Infloreszenz, thatsächlich aber der
nämlichen Achse angehörend, an der auch die Tragblätter
der Blüten sitzen.

Während die Schuppen des Rhizoms ohne Rücksicht
auf dessen jeweiligen Charakter der Lage des
verkürzten Triebes durchaus $\frac{1}{2}$-Stellung aufweisen, so
folgen die lanzettlichen Bracteen der Infloreszenz in
einer annähernd nach $\frac{2}{5}$ entwickelten Spirale.

Diese Differenz in der Ausbildung ist an sich
nichts überraschendes, insofern wenigstens — namentlich
bei den Monocotylen — vielfach derartige Fälle
bekannt sind. Man denke so an manche Bromeliaceen,
z. B. Vrisea-Arten, die in der floralen Region
durchaus mit zweiliger Blattstellung wachsen, in der
vegetativen dagegen complicierte Divergenzen aufweisen.
Aehnliches finden wir auch bei Orchideen, wo vielfach
zweizeilige Blattstellung höheren Divergenzen in
der floralen Platz macht.

Es wäre nun genauer die Frage zu erörtern, in

welcher Weise sich die $^2|_5$-Stellung der Infloreszenz
an das der Infloreszenz vorausgehende, schuppenförmige
Blatt — des angeblichen Tragblatts Irmisch's und
somit an die gesammte Blattstellung des verkürzten
Triebes sich anschliesst.

Diese Verhältnisse sind an Microtomschnitten fest-
gestellt worden und es zeigt sich, dass die erste Bractee
der Infloreszenz schräg gegenüber dem letzten der in
$^1|_2$-Stellung stehender Laubblätter folgt und somit in
normaler Weise den Anschluss der in $^2|_5$-Stellung an-
geordneten Blüten der Infloreszenz an die Blattstellung
nach der Divergenz $^1|_2$, welche vorher an derselben
Achse zu constatieren war, vollzieht.

Die Anzahl der in einer Infloreszenz entwickelten
Blüten schwankt im Verhältnis enger Grenze und rich-
tet sich im allgemeinen nach der Stärke des betreffenden Sprosses. Durchschnittlich der in einer Infloreszenz entwickelten Blüten beträgt nach vielen
beobachteten Exemplaren acht.

Die Blüten stehen wie schon erwähnt in einer
lockeren Traube, die sich nach einer Seite hin wendet.
Die einzelnen Blüten entwickeln sich in rascher Folge
hinter einander; über der Insertion der letzten blütentragenden Bractee befinden sich im Gegensatz zu so
vielen anderen botrytischen Blütenständen keine wei-
teren Anlagen. Die Achse endigt blind, indem der
Vegetationspunct bald nach Bildung seiner letzten Blüte
die Thätigkeit vollständig einstellt und demgemäss
werden weitere Blüten, die nach etwaiger Beschädigung
oder Vernichtung der besprochenen als Ersatz dafür

treten könnten, wie das ja sonst bei monopodialen Inflorescenzen — namentlich Trauben — vielfach der Fall ist, hier nicht angelegt.

Die Infloreszenzachse selbst ist in ihrem blütentragenden Teil oberhalb des letzten Blattes dreikantig und bis zu 180^0 gedreht.

Auf der anderen Seite der Infloreszenzbasis findet sich ein Laubspross, dessen zwei oder drei Blätter mit ihren Spreiten in characteristischer Weise in einander gerollt sind. Die Einrollung der Laubblätter vollzieht sich in der Weise, dass abwechselnd die rechte und die linke Hälfte über die anderen greifen und zwar so, dass der jeweils innere Rand nach Massgabe des verfügbaren Raumes spiralig aufgerollt erscheint, während der äussere Rand sehr weit um den inneren herumgreift.

Eine Einrollung der Scheidenteile, beziehungsweise ein Uebereinanderschieben der Ränder kann deshalb nicht stattfinden, weil diese zu einer hohen Röhre verwachsen sind, die sich dann plötzlich in den stielartigen Teil des Blattes verschmälert.

Die Blätter eins bis sechs stehen sämmtlich an der nämlichen Achse. Es fragt sich nun, ob Blatt sechs das letzte Laubblatt dieser Achse darstellt, mit anderen Worten, ob die Infloreszenz terminal ist oder aber ob auf Blatt sechs noch weitere Laubblätter folgen. In letzterem Fall müsste dann die Infloreszenz als achselständig aus Blatt sechs aufgefasst werden und die ganze Pflanze besässe somit ein sympodiales Wachstum.

Nach Irmisch und Braun werden diese sechs

Blätter derselben Achse angehören, wie der Laubspross, indem sie — Irmisch und Braun — die Infloreszenz als axillär aus den vom Blatt fünf um 180° entfernten, schuppenförmigen Hochblatt sechs bezeichnen. Die Hauptachse sollte fortgesetzt werden durch den mit schräg nach rechts hinten fallendem Vorblatt einsetzenden Laubspross. Wie und in welcher Weise soll nun das Einsetzen dieses Laubsprosses erklärt werden? Das letzte Blatt der Hauptachse, Blatt sechs, ist nur um höchstens 90°, in manchen Fällen, dann nämlich, wenn der Laubspross mit einem median adossiertem Vorblatt einsetzt um 0° seiner Stellung nach verschieden, demnach dem Blatt sechs subperponiert; ein Verhältnis, was sich von selbst ausschliesst.

Dieses Stellungsverhältnis ist vielmehr so aufzufassen, dass der Laubspross axillär aus dem vorletzten Blatte fünf, der mit einer Infloreszenz endigenden Achse ist; mit anderen Worten entwickelt, bevor der Spross den Charakter einer Infloreszenz annimmt, deren Blüten aus kleinen, schuppenförmigen Bracteen hervorgehen mit dem letzten Blatt — grossen schuppenförmigen — halb Stengel umfassenden Niederblatt keinen Achselspross, dagegen aus dem vorhergehenden.

Dieser Achselspross — die Laubknospe, — die zur Blütezeit ihre Abstammungsachse zwei, selten drei Laubblätter zur vollen Entwicklung gebracht hat, setzt mit schräg nach hinten fallendem beinahe ja sogar transversal stehenden Vorblatt von Laubblattcharacter ein, worauf die übrigen Blätter mit einer Divergenz von 180° folgen, sodass sich die sämmtlichen Blätter

des Achselsprosses der gemeinsamen Medianebene nahezu
um 90° kreuzt mit der Blattstellung der durch die Infloreszenz abgeschlossenen Abstammungsachse.

Legt man durch die Infloreszenzachse und die
Achse des Tochtersprosses eine Ebene, so fällt das erste
Blatt des Tochtersprosses immer auf diejenige Seite
der genannten Ebene, auf welche auch, dem Vorblatt
benachbart, die erste Bractee der Infloreszenz zu stehen
kommt.

Mangelhaft erscheint die Döll'sche Angabe insofern, als er keinerlei genauere Angaben über die Di-
vergenzverhältnisse macht und in Zusammenhang damit
darauf verzichtet, näheres über den Anschluss der floralen an die vegetative Region zu geben.

Ferner vermissen wir bei Döll ausreichende Angaben über den Wechsel von Laub- und Niederblätter,
beziehungsweise über die Verteilung dieser Blattformen
auf die verschiedenen Abschnitte des Sprosssystems.
Indes ist zu berücksichtigen, dass es Döll an dem an-
gegebenen Ort lediglich um kurze orientierende Be-
merkungen zu thun sein konnte.

Wie die Verhältnisse thatsächlich liegen ist in dieser
Arbeit bereits ausgeführt.

Tafelerklärung.

Figur I stellt den Querschnitt eines blütentragenden Sprosses dar. Die Blätter 1, 2, 3, 4, 5 und 6 stehen in $^1/_2$-Stellung an der nämlichen Achse; letztere wird abgeschlossen durch die Infloreszenz J. Axillär aus dem Blatt 5 kommt ein Tochterspross, der mit einem schräg nach rechts hinten fallendem, beinahe sogar transversal gestelltem Vorblatt einsetzt. Der Spross ist hintumläufig, demnach fällt bei seiner $^1/_2$-Stellung das folgende Blatt nach links. Der Achselspross hebt sich durch andere Schraffierung von seiner Abstammungsachse u. der denselben angehörigen Blättern ab. Die Stelle, an welcher die erste Bractee der Infloreszenz steht, ist durch ein Kreuz hervorgehoben. Die Pfeile bedeuten Richtung der Blattstellungsspirale.

Figur II stellt einen Knospenquerschnitt dar, in welchem nur die Spreiten zweier Laubblätter getroffen sind.

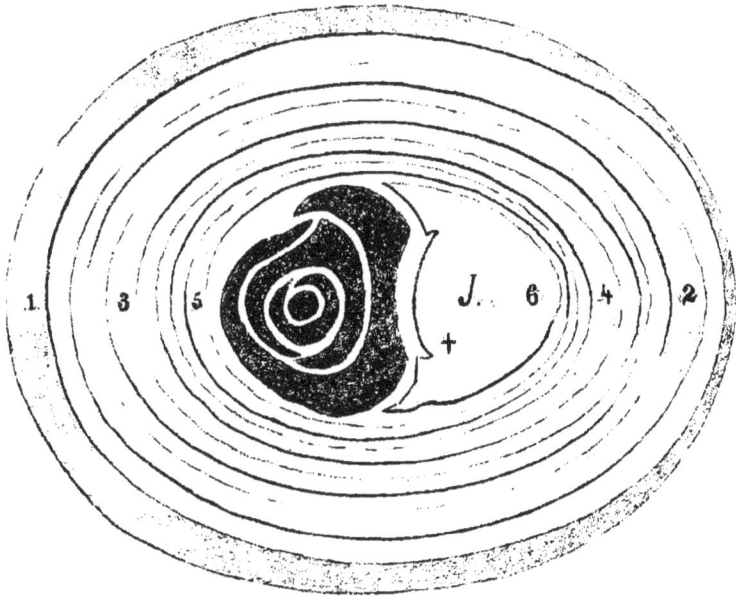

Figur I.

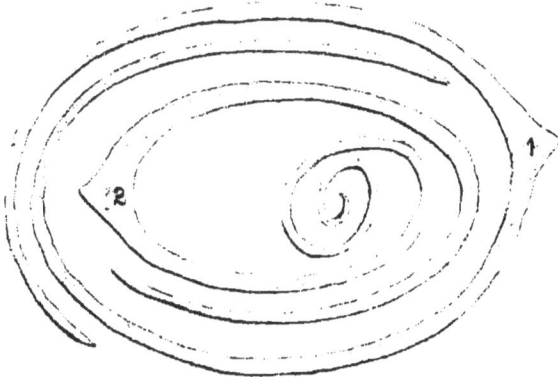

Figur II.

Zweiter Teil:

Anatomie.

Oefters als die morphologischen werden in der Litteratur die anatomischen Verhältnisse unserer Pflanze erwähnt.

Eine vollkommen zusammenhängende Darstellung ist noch nirgends gegeben und im allgemeinen beschränken sich die Autoren auf Erwähnung einzelner Vorkommnisse wie Art.[1]) Vorkommen und Verteilung der Spaltöffnungen auf Blättern, unterirdischen Pflanzenteilen,[2]) über Beschaffenheit der Intercellularräume.[3]) wie unregelmässig verstärkte Endodermis[4]) und über Vorhandensein von Stärkekörner.[5])

Entsprechend der äusseren Gliederung der Convallaria majalis L. in ein unterirdisches Rhizom mit Beiwurzeln und einem oberirdischem mit Blättern und Blüten, beziehungsweise Infloreszenz tragenden Teil differenziert sich auch der innere Bau dieser Glieder.

---

1) A. Guillaud. Recherches sur l'anatomie comparée et le dévoloppement des tissus de la tige dans les Monocotyledones. Annal. des scienc. VI. S. botan.

2) K. Hohnfeldt. Ueber das Vorkommen und die Verteilung der Spaltöffnungen.

3) C. van Wisselingh. Sur les revêtements des espaces intercellulaires. Asch. Neerland. Amsterdam.

4) S. Schwenderer. Die Schutzscheiden und ihre Verstärkungen. Berlin 1882.

5) August Binz. Beitr. zur Morphologie u. Entstehungsgeschichte der Stärkekörner.

Aus dem Periblem des den stärkereichen apikalen
Vegetationspunkt darstellenden Meristems entwickelt
sich gleichwie bei den anderen bisher bekannten Monocotylen die Rinde, aus dem Plerom der von einer
starken weiter unten näher zu besprechenden Schutzscheide umgebene Centralcylinder, während aus dem
Dermatogen die Epidermis wie immer ihren Ursprung
nimmt.

Somit ist in der ausgesprochenen Gliederung eine
Teilung in drei Regionen wahrzunehmen, wobei öfters
die innerste Rindenschicht eine stärkere Verdickung
zeigt, wodurch .die vorhin erwähnte Kernscheide und
damit eine klare Trennung des Centralcylinders von der
Rinde zu Stande kommt.

Die Epidermis des Rhizoms besitzt sehr starke
Cuticulaschichten, die so ziemlich die Hälfte der ge-
sammten Aussenwand einnehmen. Die Innenwände der
Epidermis sind ebenfalls stark verdickt und weisen
schöne Cellulosereaction auf. Die Radialwände sind
dagegen sehr dünn und setzen sich ohne bemerkens-
werte Verbreitung oder dergleichen an die Epidermis-
aussenwand an. Auf der inneren Seite verbreitern sich
die Radialwände,- sodass sie mit der im Querschnitt
stark verbreiterten Basis an die anfangs erwähnten
stark verdickten Innenwände der Epidermiszellen an-
stossen. An den Stellen, wo die Radialwände der subepidermalen Zellschicht an die soeben erwähnten Epi-
dermisinnenwände angrenzen, finden sich sehr häufig
kleine, im Querschnitt dreieckig, erscheinende Intercellularräume.

Bezüglich der Spaltöffnungen kann ich die Angaben von K. Hohnfeldt bestätigen. Er schreibt l. c. pag. 45 der weithin kriechende unterirdische Stengelteil, welcher jedenfalls als Ausläufer entstanden ist, besitzt nur sehr wenige, aber gut ausgebildete Spaltöffnungen.

Von annähernd gleicher Grösse wie Epidermiszellen sind auch die subepidermalen Elemente der Rinde, sowie auch die unmittelbar an die Schutzscheide sich anschliessenden Rindenparenchymzellen.

Die Rinde ist 16 bis 20 Zellen stark und besteht aus verhältnismässig sehr gleichen, zahlreichen Intercellularräumen zwischen sich lassenden Parenchymzellen. Letztere sind reichlich mit Stärke gefüllt.

Ueber die Entstehung der Stärkekörner schreibt Binz in seiner „Entstehungsgeschichte der Stärkekörner" vor allem ist hier hervorzuheben, dass die Stärkebildner von Convallaria majalis schon in den jüngsten Zellen des Vegetationskegels als um den Kern herum gelagerte Körnchen zu erkennen sind. Diese Körperchen nehmen rasch an Grösse zu und verteilen sich im Cytoplasma. Einige, namentlich die um den Kern herum gelagerten, ordnen sich dann zu Gruppen, aus welchen die zusammengesetzten Stärkekörner hervorgehen. Es geschieht dies jedoch auch bei Convallaria majalis nicht durch directe Umwandlung in Stärke, sondern so, dass zunächst im Innern des Stärkebildners ein kleines kugeliges Körnchen auftritt, das dann rasch an Grösse zunimmt und mit Jod leicht nachgewiesen werden kann.

Gewöhnlich tritt in einem Stärkebildner nur ein

einziges Korn auf, nicht selten, namentlich in jungen
Blättern treten jedoch auch mehrere Stärkekörner in
demselben Leucoplasten auf, sodass also die zusammengesetzten Stärkekörner sowohl auf die eine, als auch
auf die andere Art zu Stande kommen.

Es gilt also auch für Convallaria, dass die Stärkebildner schon in den jungen Zellen des Vegetationskegels vorhanden sind, und dass die Stärke nicht durch
directe Umwandlung aus ihnen hervorgeht, sondern
in ihrem Innern gebildet wird. Der Stärkebildner wird
auch hier allmählich aufgezehrt; an ausgewachsenen
Körnern ist nichts mehr von ihm zu sehen.

Ueber die Beschaffenheit der Zellmembran der
Intercellularräume wies C. van Winchingh l. c. durch
ausgiebige Verwertung der Reagentien nach, dass in
der Mehrzahl der Fälle die Auskleidungen der Intercellularräume der Gewebe von verholzten Schichten
der Zellwände gebildet werden. Die verholzte Lamelle
hebt sich scharf von der darunter liegenden nicht verholzten Zellwand ab, bisweilen erscheint sie auch in
Falten gelegt. Die Verholzung der den Intercellularraum auskleidenden Schicht setzt sich aber niemals
in der Mittellamelle zwischen je zwei benachbarte
Zellen fort. Dagegen kommt es vor, dass sich die
verholzte Lamelle im Winkel zwischen zwei Zellen an
den Wänden dieser abhebt, sodass secundäre Intercellularräume entstehen. Am deutlichsten wird die intercellulare Holzlamelle in der Rinde des Rhizoms von
Convallaria majalis.

Weiter nach innen folgt eine Kernscheide, sowohl

im Rhizom wie im Stengel; sie besteht aus prosen-
chymatisch mehr oder weniger dickwandigen Elementen,
deren Membran nur in den äussersten Partieen der
mehreren Zellen starken Kernscheide Tüpfel aufweisen.
Die Aussenwände der äussersten Zelllage bleiben un-
verdickt.

Besagte Kernscheide ist gewöhnlich zwei Zell-
reihen stark; stellenweise erscheinen in unregelmässiger
Verteilung auf der äusseren, häufiger noch auf der
inneren Seite einzelne Zellen eingefügt.

Die verstärkten Wandungen geben mit Chlorzink-
jod eine citronengelbe, bei dicken Schnitten eine röt-
liche Färbung; eine Reaction mit Phloroglucin und
Salzsäure habe ich nicht erhalten. Es weist dies darauf
hin, dass einerseits die Zellmembran nicht nur aus
reiner Cellulose besteht, andererseits auch nicht ver-
holzt ist und so liegt die Vermutung nahe, dass es
sich hier um eine zum Teil verkorkte Membran handelt.

Ihren Ursprung betreffend schreibt Schwenderer
l. c. pag. 12 im Rhizom von Convallaria majalis be-
stehen sogar die entsprechenden Stellen der Scheiden-
membran aus dichterer Cellulose, welche der Quellung
in radicaler Richtung Widerstand leistet, sodass die
Wand zuweilen wie gepolstert aussieht. Pag. 48 weiter
bei Convallaria majalis habe ich noch bei einem Ab-
stande von ca. 5 ctm. von der Spitze eine Schutzscheide ohne Wandverdickungen vorgefunden, während
die älteren Partien ziemlich stark verdickte Scheiden
besitzen, zugleich aber auch eine höhere Spannung der
Gewebe verraten.

Bezüglich der physiologischen Function hat Schwenderer Versuche angestellt und sagt pag. 9 l. c. für
die relative Impermeabilität der Schutzscheiden sprechen
ferner auch die directen Versuche, die ich mit den
älteren Wurzeln von Iris florativen und Convallaria
majalis angestellt habe.

Entfernt man nämlich an einem Wurzelstück die
peripherische Rinde auf eine Länge von mehreren
Millimetern und bringt die Wundfläche mit Jodlösung
in Berührung, indem man beispielsweise ein etwa 5
bis 10 mm. langes Röhrchen über die Wurzel schiebt
und dasselbe als kann mit der Lösung füllt, so färbt
das allmählich eindringende Jod zunächst die noch
übrig gebliebene innere Rinde, dringt dann durch die
Unterbreitungsstellen zu den primordialen Gefässbündeln
vor, welche in Folge dessen eine gelbliche Färbung
annehmen; aber die Verdickungsschichten der Scheiden-
zellwände bleiben durchaus ungefärbt, obschon sie Jod
in erheblicher Menge zu speichern vermögen, sobald
sie angeschnitten sind. Es geht daraus hervor, dass
diese dickwandigen Scheidenzellen eine für Jodlösung
impermeable Grenzlamelle besitzen, welche die Färbung
verhindert.

Innerhalb der Kernscheide findet sich ein Pericambium, bezüglich dessen nichts besonderes zu erwähnen ist.

Die Dicke der Rinde entspricht etwa dem halben
Radius des Centralcylinders; in ihm sind die Gefässbündel in der bei den Monocotylen gewöhnlichen Weise
angeordnet. Ihre Zahl beträgt 30 bis 40 und sind

nach dem von Strasburger als amphivasal bezeichneten
Typus gebaut und gegen den Rand des Centralcylinders
hin gehen sie gewöhnlich in die bekannte collaterale
Form der geschlossenen Monocotylengefässbündel über.
In der Mitte des Centralcylinders ist das mit
deutlich Geleitzellen versehene, englumige Phloem nach
allen Seiten beinahe ganz gleichmässig entweder von
einer Reihe oder von zwei Reihen Gefässen umgeben.
Meist lässt sich in der Richtung auf die Achse
die Lage des Protosylems ermitteln, wodurch sich diese
auf den ersten Blick concentrisch scheinende Bündel
ohne weiteres von den gewöhnlichen collateralen, monocotylischen Bündeln mit nach aussen concavem das
Phloem aufnehmendem Xylem ableiten lassen.

Thatsächlich gehen — wie bereits oben erwähnt
— diese Bündel gegen die Peripherie des Centralcylinders hin nach und nach in geschlossene collaterale
Monocotylenbündel der gewöhnlichen Form über. Es
weist zunächst der Holzteil auf der inneren Seite des
Gefässbündels eine relativ stärkere Mächtigkeit auf.
Gegen die Peripherie des Gefässbündelcylinders hin
treten an der Aussenseite Lücken zwischen den Gefässen auf bis schliesslich die Holzteile nur noch die
Gestalt eines oder oft sogar nur noch eines ziemlich
flachen Halbmondes besitzen.

Es begegnen einem hart an der Peripherie des
Centralcylinders, fast unmittelbar an die Kernscheide
anstossend, Gefässbündel, bei welchen die Grenze
zwischen Holz und Siebteil eine gerade Linie ist, wie
wir sie von den Dicotylen her kennen.

Ihrem Character nach sind die Gefässe des Rhizoms Tüpfel und Spiralgefässe. Auf dem Längsschnitt sieht man, dass die Tüpfel, die schwach behöft erscheinen, in Längsreihen angeordnet sind. In bedeutend geringerer Anzahl finden sich einzelne Gefässe, die leiterförmige Perforation besitzen.

Beobachtet man auf einem Längsschnitt das Protoxylem, so finden sich auf der inneren Seite Spiralgefässe, deren Lumen nur etwa einem Drittel derjenigen der Tüpfelgefässe beträgt.

Die zuerst entstandenen, also ältesten und am weitesten nach innen zu liegenden Spiralgefässe haben zwei bis drei spiralige Verdickungsleisten und sind an einem ausgewachsenen Internodium etwas gezerrt, sodass die Schraubenlinien nicht mehr in ihrer ursprünglichen Regelmässigkeit zum Ausdruck kommen. Es rührt dies daher, dass diese Gefässe schon zu einer Zeit ihre Verdickungsleisten erhalten, wenn das betreffende Internodium noch in Streckung begriffen ist.

Ein Vorgang, der aus der Anatomie der Dicotylen mannigfach bekannt ist und dort sehr häufig zur vollständigen Zerreissung, wie Zerstörung der Gefässprimanen führt. Hier dagegen ist die Streckung nur eine sehr unbedeutende oder was auf dasselbe herauskommt, werden die Gefässbündel erst sehr spät angelegt, sodass es nur zu einer leichten Streckung kommt, der das angelegte Gefäss noch zu folgen vermag.

Weiter nach aussen zu finden sich noch einige dem Protoxylem angehörige Ring- und Spiralgefässe, deren Verdickungsleisten einander sehr nahe gerückt sind. Dann trifft man die oben erwählnten Treppengefässe, worauf schliesslich die Tüpfelgefässe folgen. Die Siebröhren kommen auf Längsschnitten sehr schön zur Beobachtung; die Siebplatten führen im Herbst grosse Callusmassen.

Der Längsschnitt der Kernscheide zeigt allgemein rechteckige oder wenigstens parallelogrammförmige, ziemlich langgestreckte Zellen, deren Längsdurchmesser die Weite des Lumens um das vier- bis achtfache übertrifft. Die Innenwände, sowie die Querwände sind frei von Tüpfel, während die Aussenwände — wie schon der Querschnitt gezeigt hat — deren sehr viele zeigen.

Das Grundgewebe des Centralcylinders ist ein gleichmässig aus runden Zellen bestehendes Parenchym mit starkem Stärkeinhalt und zahlreichen kleinen Intercellularräumen, sodass es sich in keiner Weise von der ausserhalb der Kernscheide gelegenen Rinde unterscheidet. Eine Differenzierung ist nur insoweit festzustellen, dass gegen die Protoxylemgruppe des Gefässbündels hin die Parenchymzellen vielfach kleiner sind und ohne Intercellularräume an einander stossen. Zwischen denselben eingeklemmt werden durch Reactionen häufig die verdrückten Reste von Gefässprtmanen — oft isoliert von der Masse anderer Gefässe — erkennbar.

Im übrigen ist bei der Einstellung einer stärkeren Vergrösserung das Grundgewebe des Centralcylinders von dem der Rinde durchaus nicht zu unterscheiden.

Bei Untersuchung der als verkürzte Triebe aus-

gebildeten Rhizomteile findet man auf dem Querschnitt,
entsprechend den zahlreichen in die Blätter abgehen-
den Gefässbündeln und den vielen Adventivwurzeln,
eine Menge in verschiedener Richtung geschnittener
Fascicularstränge; im wesentlichen entspricht sonst das
Bild dem von der Mitte des Internodiums geschilderten.
An Einzelheiten wäre noch zu erwähnen, dass
sich grosse, beinahe nadelförmige Krystalle von Calium-
oxalat vereinzelt oder zu mehreren in den Parenchymzellen des Rhizoms finden.
Bezüglich der Infloreszenzachse ist schon früher
angegeben, dass sie dreikantig ist. Häufiger als am
Rhizom finden sich, wie ich auf Grund eigener Untersuchungen mitteilen kann, Spaltöffnungen an der grünen
Infloreszenzachse. Sie hat eine sehr kleinzellige Epidermis, auf welche vier bis sechs Schichten Parenchymzellen folgen; darauf erst ein geschlossener Sklerenchymmantel. Die Aussenwand der äussersten Zellen desselben sind nicht verdickt, wohl aber sämmtliche Wandungen der übrigen Teile. Seine Mächtigkeit beträgt
drei bis vier Zellen. An den correspondierenden Gefässen, die etwa zu zehn sich direct nach innen an
ihn anschliessen, ist er bedeutend stärker verdickt.
Diese Gefässbündel springen nach innen gegen das aus
rundlichen parenchymatischen Zellen gebildete Mark
dreieckig vor. Sie besitzen einen wohl entwickelten
Siebteil, an dem sich auch am blühbaren Stengel häufig
noch die Phloemprimanen nachweisen lassen; ebenso
wie auch im Holzteil, der im besonderen nichts aufweist,
sich die Protoxylem Elemente deutlich noch zeigen.

Die Laubblätter haben auf Ober- wie Unterseite ziemlich viele Spaltöffnungen, die nach Zahl und Grösse einen Unterschied der beiden Blattseiten nicht erkennen lassen.

Die wie bei der Mehrzahl der Monocotylen lang gestreckten, unregelmässig, rechteckigen Epidermiszellen sind auf beiden Seiten des Blattes cutisiert; aber weit weniger stark, als die des Rhizoms. Die Blätter sind durchschnittlich, abgesehen von der Epidermis, fünf bis sechs Zellschichten dick und es kommt nicht zur Ausbildung eines Pallisadenparenchyms. Die erwähnten Schichten stellen ein mässiges Intercellularraum zwischen sich lassendes Schwammparenchym dar. Viel zarter sind die Nebenblätter, bei denen die Reduction des Mesophylls noch einen höheren Grad erreicht.

Ein interessantes Bild giebt der Bau des Blattstiels. Wie bereits im morphologischen Teil angegeben, sind die Laubblätter hoch hinauf scheidig geschlossen und zwar so, dass dieser Scheidenteil mehr wie ein Drittel der ganzen Blattlänge ausmacht. An der Vereinigung der beiden Ränder findet sich an der äusseren, namentlich aber an der inneren Seite eine tiefe Spalte, sodass die Epidermis der beiden Blattseiten nur durch acht bis zwölf Schichten Parenchymzellen von einander getrennt ist. Bemerkenswert erscheint, dass an der Vereinigungsstelle häufig ein einziges commisurales Gefässbündel verläuft.

Die äussere Epidermis, also die morphologische Unterseite des Blattes, besteht aus sehr kleinzelligen Elementen, deren Innenwände wieder bedeutend verdickt sind, während die Aussenwände nur eine schwache Verdickung erkennen lassen und cutisiert sind. Es kommt also keine scharfe Trennung von Cuticula und Cellulose zu Stande, wie wir dies bei der differenzierten Aussenwand der Rhizominternodien gesehen hatten. Die subepidermale Zellschicht ist im Gegensatz zum Verhalten des Rhizoms ziemlich unregelmässig aus grossen und kleinen Zellen zusammengesetzt. Zwischen dieser Schicht und der Epidermis sind zahlreiche Intercellulare zu beobachten, dann folgen nach innen zu — also in der Richtung gegen die morphologische Oberseite — fünf bis sechs Schichten Parenchymzellen bis zu denen, eingeschlossenen Scheidenteil, radial gelagerten und in dieser Richtung gestreckt elliptische Gefässbündel.

Gewöhnlich entwickelt sich deren Holzteil aus dem nach innen gelegenen Protoxylem in zwei parallelen Reihen, deren jede sechs bis acht ziemlich weit lumige, direct an einander stossende Gefässe aufweist. Diese sind fast immer durch einen zweireihigen, aus kleinen, nicht verholzten Zellen bestehenden Parenchymstreifen getrennt. Nach aussen zu ist der Siebteil gelegen, der nichts besonderes zeigt. An diesem schliesst sich ein halbmondförmiger, nach innen concaver Sklerenchymmantel, dessen Wände ausserordentlich stark verdickt sind, jedoch im Gegensatz zu allen bisher erwähnten, verdickten Membranen eine nennenswerte Speicherung für Farbstoffe nicht besitzt.

Um das ganze Gefässbündel herum zieht sich ein schwach verholzter Mantel von ziemlich dünnwandig

verbleibenden, nur wenig verdickten Zellen. Nach
aussen ist der Mantel um den betreffenden Skleren-
chymstrahl herum einschichtig und aus grossen Zellen
zusammengesetzt. Nach innen ist er dagegen kleinzellig und aus drei bis vier Schichten gebildet. Der-
artig ausgebildet sind sämmtliche in einer Anzahl von
zehn bis zwölf Stück und in einen Kreis angeordnete
Gefässbündel des Scheidenteiles. Ein merkenswerter
Grössenunterschied ist zwischen denselben nicht zu erkennen. Die an der Mediane zunächst liegenden Gefässbündel sind nur um ein Minimum grösser, als die
an den beiden Blatträndern befindlichen.

Gewöhnlich finden sich dann abgesehen von dem
oben schon besprochenen commisuralen Bündel etwas
mehr nach der Mitte des Kreises zu gelegen in sym-
metrischer Verteilung zu beiden Seiten der Mediane
noch zwei bis vier kleine Gefässbündel, die von den
benachbarten grösseren, so ziemlich gleichen Abstand
haltend, nach innen vorspringen. Sie zeigen denselben
Bau; nähern sich aber bezüglich der Gestalt mehr der
Kreisform. Nach innen zu folgt dann ein mächtiger
Parenchymkörper mit zahlreichen Intercellularräumen.
Die einzelnen Parenchymzellen sind rund und das Parenchym selbst erscheint ziemlich gleichmässig.

Die vorher erwähnten Gefässbündel sind durch
weite Intercellularräume getrennt, die ihrer Breite nach
oft die Längsaxe des elliptischen Querschnitts eines
Gefässbündels übertreffen und in schmale Parenchym-
brücken einbiegen, die das Parenchym der Blattober-
seite mit demjenigen der Unterseite verbinden. Zu bei-

den Seiten des Gefässbündels ist das Parenchym dieser Brücken nur zwei bis drei Zellen stark ausgebildet. Am Parenchym der Oberseite ist nichts auffallendes zu bemerken; es ist reich an Intercellularräumen und in seiner Zusammensetzung ziemlich gleichmässig. Die innere Epidermis der Blattscheide ist sehr kleinzellig. Weiter nach oben gegen die Spreite hin, findet sich der beschriebene Bau des Gefässbündels nur in dem medianen Bündel der Blattrippe und an einigen wenigen, ihm an Stärke nahezu gleichkommenden Bündeln zu beiden Seiten.

Die bei den Gefässreihen eines Blattbündels vom Protoxylem ab trennenden Parenchymstreifen schwinden mit dem schwächer werdenden Bündel.

Die Mittelrippe des Blattes hat im wesentlichen denselben anotomischen Bau wie die Blattscheide; verschmälert sich aber zu beiden Seiten, sodass das anatomische Bild nach und nach in das der oben beschriebenen Lamina übergeht.

An den verkürzten Trieben lässt sich der Bau der nur zwei bis drei mm dicken Beiwurzel sehr leicht untersuchen. Dieselbe nimmt nämlich ihren Ursprung im Pericambium des Centralcylinders, um nachher die Endodermis und die mächtige parenchymatische Rindenschicht zu durchbrechen. Die die Wurzel umgebenden Schichten des Rindenparenchyms werden durch den Druck der hervorbrechenden Wurzel verbogen und teilweise zerdrückt. Die Wurzel erscheint fest eingebettet· in ein weisses, leicht zu schneidendes Parenchym.

Die Rindenschicht der Wurzel besteht aus einer

Reihe von Zellschichten deren äusserste subepidermal
gelegene in radialer Richtung gestreckt ist. Die Aussenwände bleiben dünn, während die Innen- und Seitenwände stark verdickt sind.

Die äusseren Zellschichten der Wurzel sind an
Alcoholmaterial auch innerhalb des Rhizoms stark gebräunt und diese gebräunte Zone ist etwa halb so
dick, als die nach innen zu liegende hell bleibende
Hauptmasse des Rindenparenchyms. Diese Bräunung
tritt erst bei Behandlung mit Alcohol auf und beweist
eine chemische Differenz, die sich an lebendem Gewebe
nicht verrät. Die Wände der beiden weiter nach innen
zu gelegenen successiv kleiner werdenden Zellschichten
sind ebenfalls stark gebräunt und auf allen Seiten verdickt. Dann folgt noch eine Schicht Rindenparenchym
lauter dickwandiger, aber nicht gebräunter Zellen von
ziemlich unregelmässiger Form, wie von verschiedener
Grösse, die sehr kleine Intercellarräume zwischen sich
lassen und sich erst bei den gegen die Kernscheide
hin entwickelten Schichten vergrössern.

Im Innern des Rhizoms, d. h. also innerhalb der
Rinde desselben ist die Kernscheide der Adventivwurzeln zwei bis vier Zellen dick mit einzelnen um
das Rindenparenchym vorspringenden Zellen. Letztere
sind jedoch mit den übrigen Zellen der Kernscheide
direct verbunden und keineswegs isolirt. Die Zellen
der Kernscheide sind an den Innen- und Seitenwänden
ausserordentlich stark verdickt.

Der Holzkörper führt an den Enden seiner Strahlen

ein auffallend englumiges, primäres Xylem und besteht
seiner Hauptmasse nach aus mechanischen Elementen
und enthält nur wenige, grosse Gefässe.

Weiter nach aussen zu modifiziert sich das Quer-
schnittsbild der Wurzel in mannigfacher Hinsicht. Die
Wandungen der äusseren Rindenschicht sind nicht sehr
dick, sondern vielfach dünn und verbogen. Jedoch
scheinen die sehr regelmässigen Radialwandungen der
subepidermalen, als Endodermis ausgebildeten Zellschicht
eine gewisse Fertigkeit zu besitzen. Sie sind aber nicht
viel stärker verdickt wie die verbogenen, übrigen benachbarten Zellmembranen.

Bei Behandlung mit Farbstoffen zeigt es sich, dass
sie ein bedeutend stärkeres Speicherungsvermögen besitzen, als die übrigen. Letztere Eigenschaft kommt
auch den oben erwähnten verdickt subepidermalen
Zellschichten der Wurzel innerhalb des Rhizoms zu.

Ebenso haben sämmtliche verdickte Elemente der
Wurzel, wie des Rhizoms ein starkes Speicherungsvermögen für manche Farbstoffe, sodass z. B. die Sieb-
teile der Wurzel sich als farblose Inseln rings umgeben
von gefärbtem Gewebe darbieten.

Weiter nach innen zu nehmen die Parenchymzellen
an Durchmesser ab, indem zwei bis drei Schichten
kleiner, parenchymatischer Zellen folgen; entsprechend
den vorher erwähnten — dort noch also innerhalb des
Rhizoms verdickt gewesenen Schichten — die aber
hier sich in keiner Weise von den übrigen Parenchymzellen unterscheiden. Dann kommen etwa acht Schichten rundliche, ziemlich gleichmässige, weniger Stärke

führende Parenchymzellen mit schön ausgebildeten Intercellularräumen und ihrem Aussehen nach ganz analog
den schon bei der Stammanatomie beschriebenen.

Die innerste an die Kernscheide anstossende Schicht
des Rindenparenchyms ist ziemlich klein. Das Quer-
schnittsareal ihrer Zellen ist ungefähr ein Sechstel der
gewöhnlichen Rindenparenchymzellen aus der ungefärb-
ten Zone.

Die Kernscheide ist hier einschichtig; die Innen-
und Seitenwände sind stark verdickt. Mit den Holz-
teilen des radiären Bündels correspondierend finden
sich auf dem Querschnitt einzelne Durchlasszellen. Es
wurden nur zwei neben einander liegend getroffen und
zwar fanden sich deren nur isoliert auf einem einzelnen
Schnitt etwa drei bis vier bei decarchem Gefässbündel.

Jeder Strahl des Holzkörpers entspricht einem
oder höchstens zwei grossen, weit lumigen Tüpfelge-
fässen. Die an den Enden der Strahlen gelegenen
Gefässprimanen sind wie auch an der Basis der Wurzel
sehr eng; die Hauptmasse des Bündels bilden wiederum
die mechanischen Elemente.

Was die Zellinhaltskörper betrifft, so finden sich
Krystalle namentlich in alten Niederblättern, was
sich sehr gut mit der Anschauung vereinbaren lässt,
dass das Calciumoxalat ein für den Stoffwechsel nicht
mehr in Betracht kommendes Ausscheidungsproduct,
ein Excret, darstellt. Uebrigens, wenn auch in geringerer Menge, finden sich diese Krystalle noch in den
Bracteen der Infloreszenz.

Weiterhin ist noch zu bemerken, dass Haarbildungen, abgesehen von Wurzelhaaren, an der ganzen Epidermis sich nirgends zeigen; weder an den Blättern, noch an den Achsen.

Zum Schlusse möge erwähnt werden, dass die an wenigen Orten vorkommende Varietät Convallaria majalis L. rosea auch hier in der Nähe Heidelbergs — im Petersthale bei Ziegelhausen — vorgefunden wurde.

Tafelerklärung.

Nebenstehende Figur stellt ein nach der Mitte des Centralcylinders hin liegendes Gefässbündel im Querschnitt dar mit primärem Xylem; letzteres ist mit einem Stern versehen.

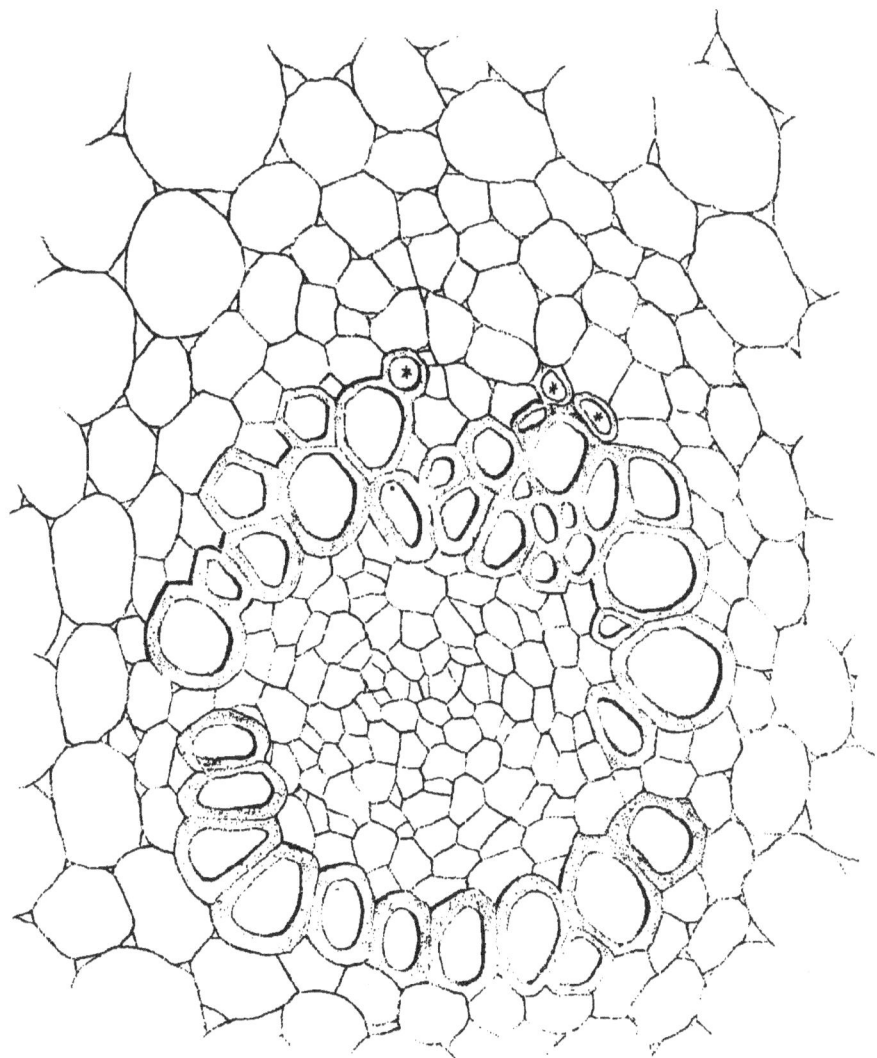

Druckfehlerverzeichniss:

Pag. 13, Zeile 19 von oben lies „Hauptachse" statt „Haupsachse."

„ 31, „ 5 „ „ „ „florentina" „ „florativen."

„ 32, „ 10 „ „ „ „Protoxylems" „ „Protosylems."

„ 34, „ 24 „ „ „ „Gefässprimanen" „ „Gefässprtmanen."

„ 39, „ 16 „ „ „ „anatomischen" „ „anotomischen."

„ 42, „ 15 „ „ „ „dekarchem" „ „decarchem."

www.ingramcontent.com/pod-product-compliance
Lightning Source LLC
Chambersburg PA
CBHW022024190326
41519CB00010B/1588